猫が魔法を使うとき

絵　松井雄功　　文　田中マルコ

幻冬舎

猫は、愛する人のために
魔法を使います。

どんな魔法を使うかは、
猫によってさまざま。

そして一生に一度、
「永遠の魔法」をかけて、
ちいさな奇跡を起こすのです。

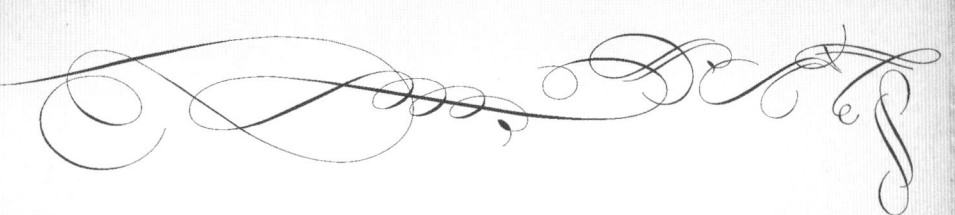

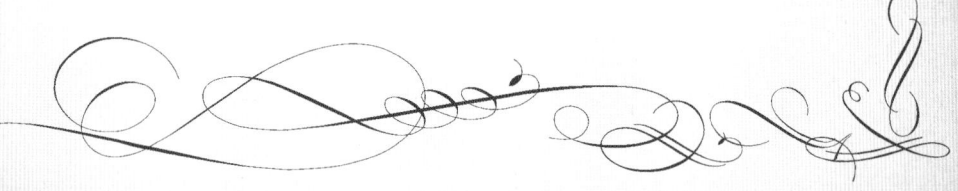

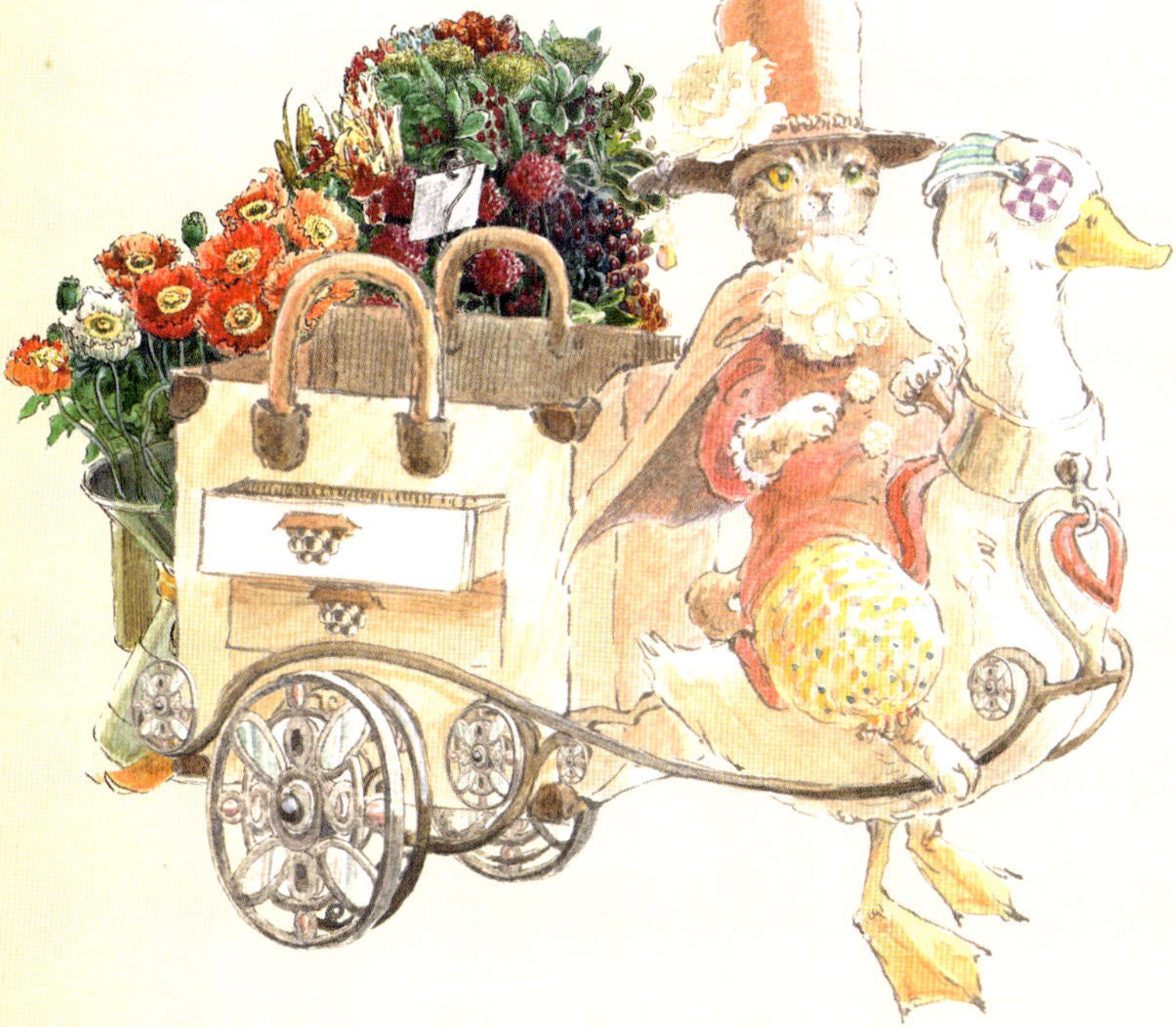

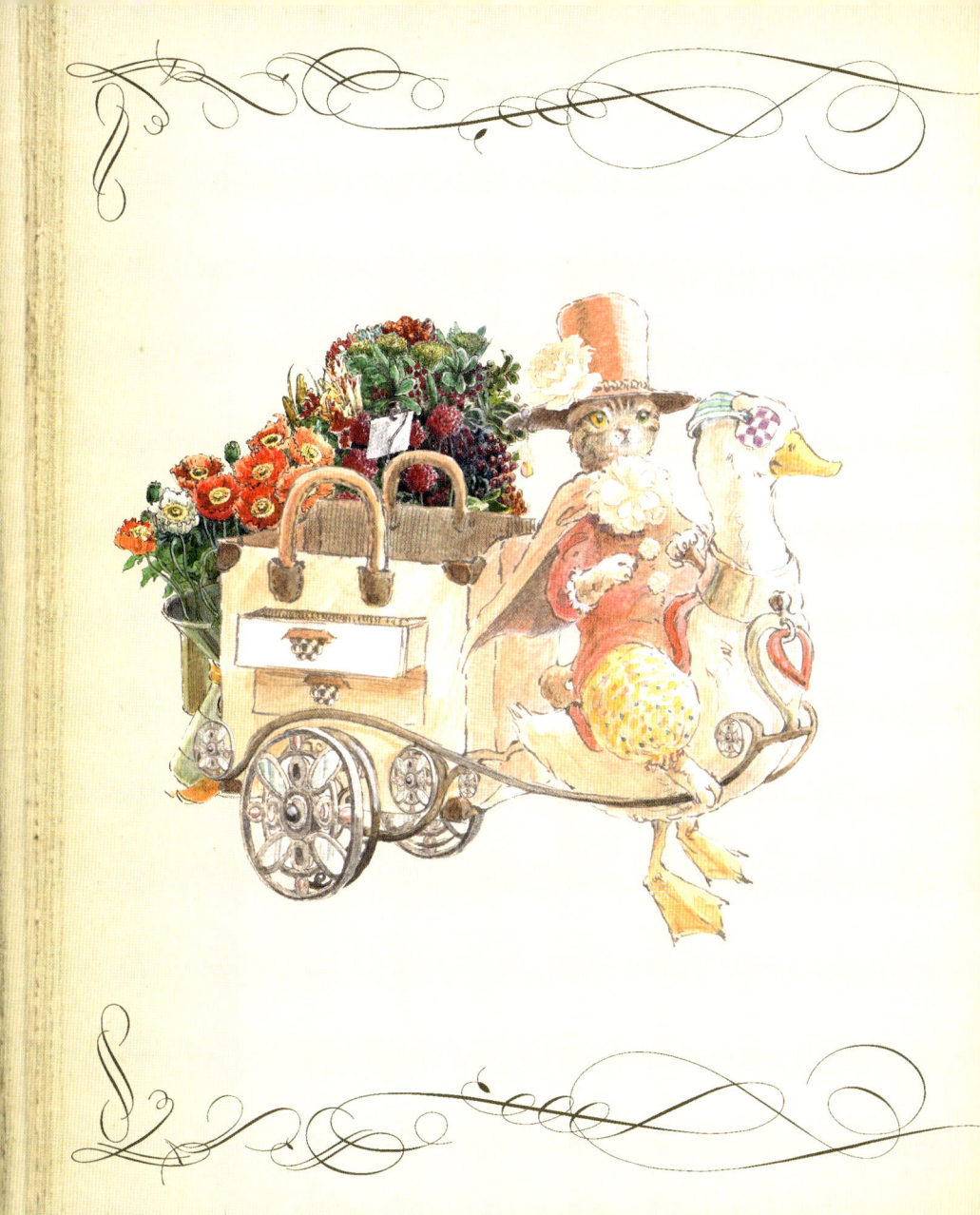

猫が魔法を使うとき

contents

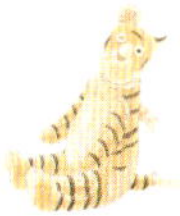

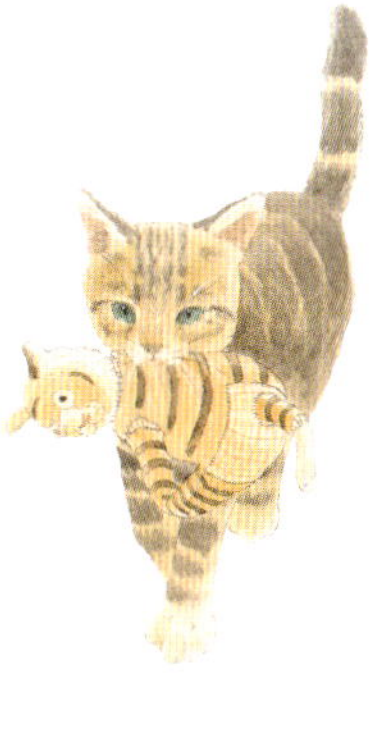

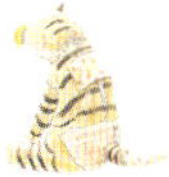

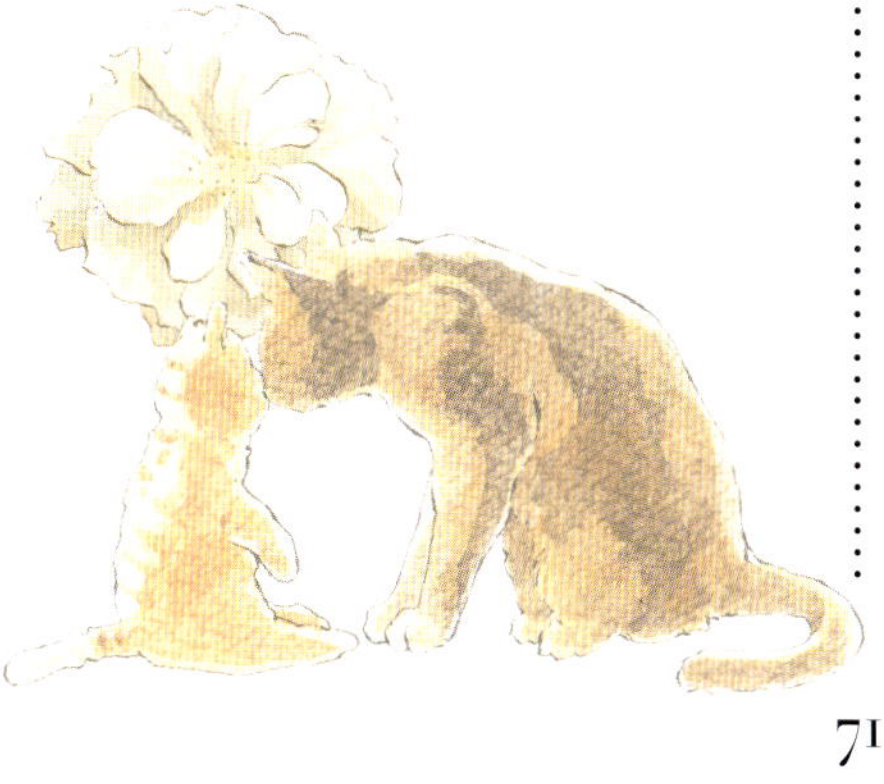

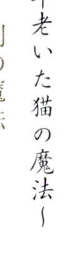

一の章
この世に猫として生をうけて
〜子猫の魔法〜

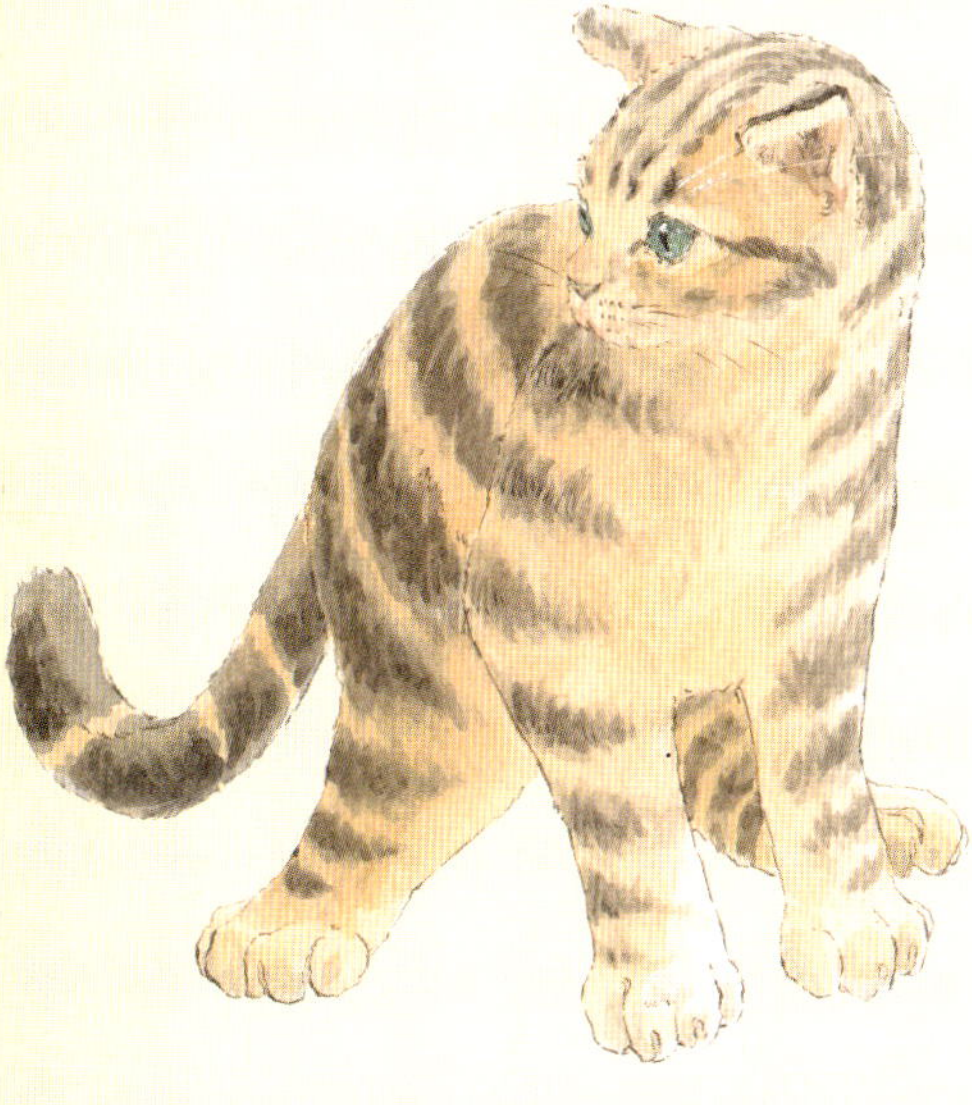

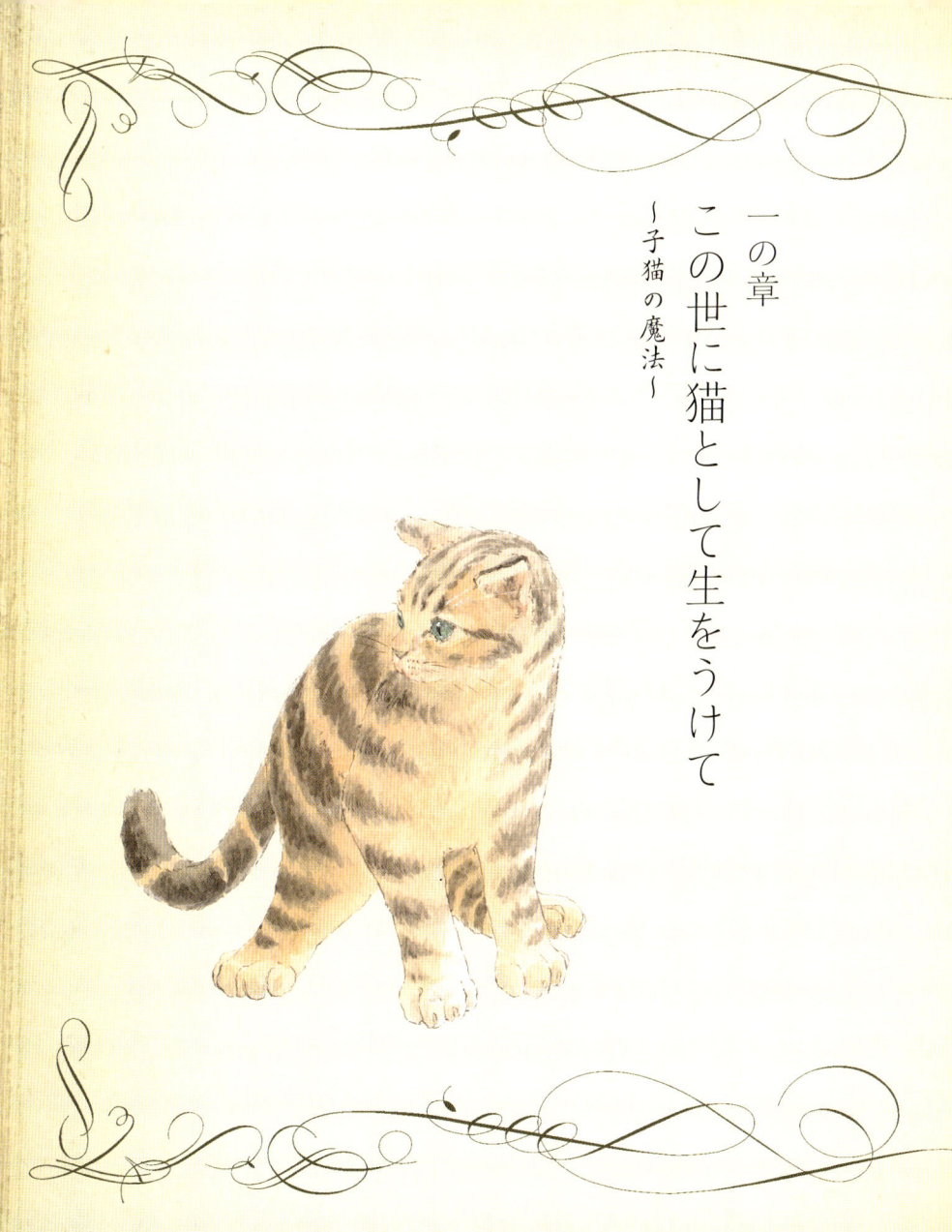

あのころの私は、
目を閉じてはトラ模様の猫の姿を思い浮かべ、
泣いてばかりいました。
長くいっしょに暮らした猫が
亡くなったばかりだったのです。

クチナシが香りのよい純白の花をつけだしたころ、
ようやく外出できるようになり、
車で大きなショッピングセンターまで出かけました。

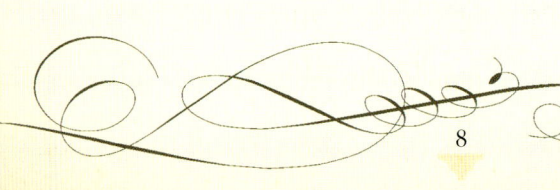

ぼんやり陳列棚をながめていると、
亡くなった猫にそっくりな
トラのぬいぐるみが
目にとびこんできました。
衝《しょう》動《どう》買いです。

袋に入った
トラのぬいぐるみを抱きしめ
駐車場へ向かうと、
ついさっき、
出ていった車から
流れ落ちた水を
なめようとしている
子猫がいました。

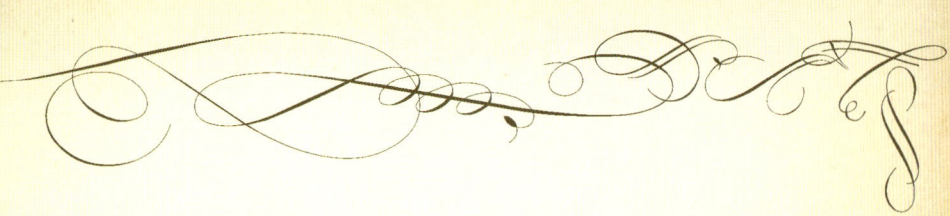

私は、あわててかけよって子猫を抱きあげました。

「ピッピ！　ダメよ、なめたら」

とっさに、亡くなった猫の名前を呼んでいました。

子猫は、私と住むことになりました。
名前は、先代猫と同じピッピです。
似ているところは、ひとつもありません。
でも、私がピッピと呼ぶと、
子猫がふりむくようになったので、
名前をかえることもできなくなりました。

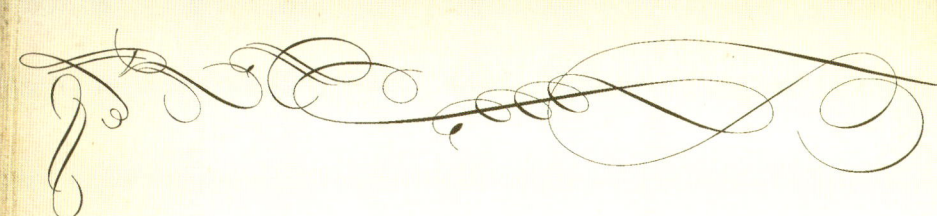

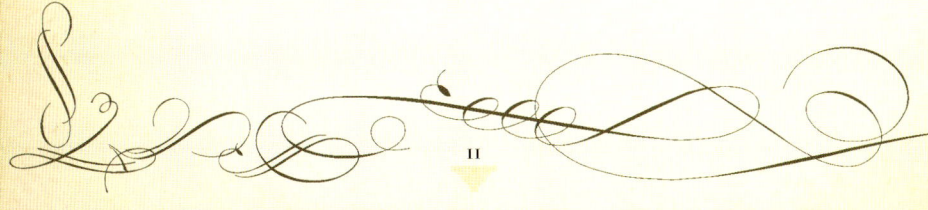

ピッピは同じ日にわが家にやってきた
トラのぬいぐるみをたいへん気に入りました。

二代目ピッピが、
先代猫のピッピにそっくりな
トラのぬいぐるみにとびついたり、
よりそったりする様子を見ていると、
自然と笑みがこぼれました。

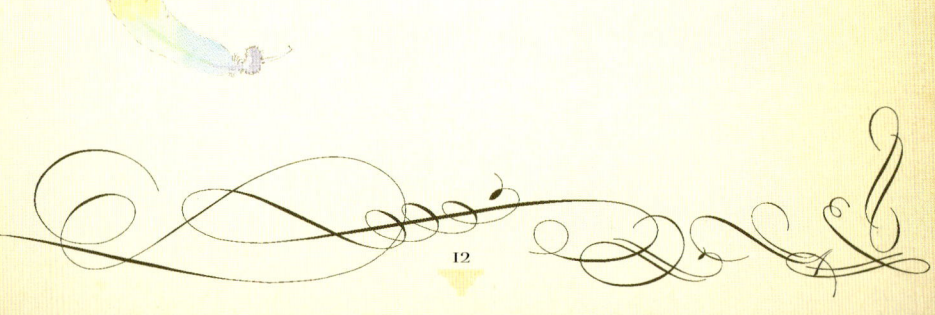

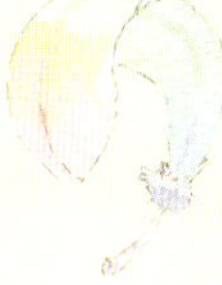

子猫のピッピのおかげで、
もういないはずのトラ柄ピッピが
もどってきてくれたかのように思えました。

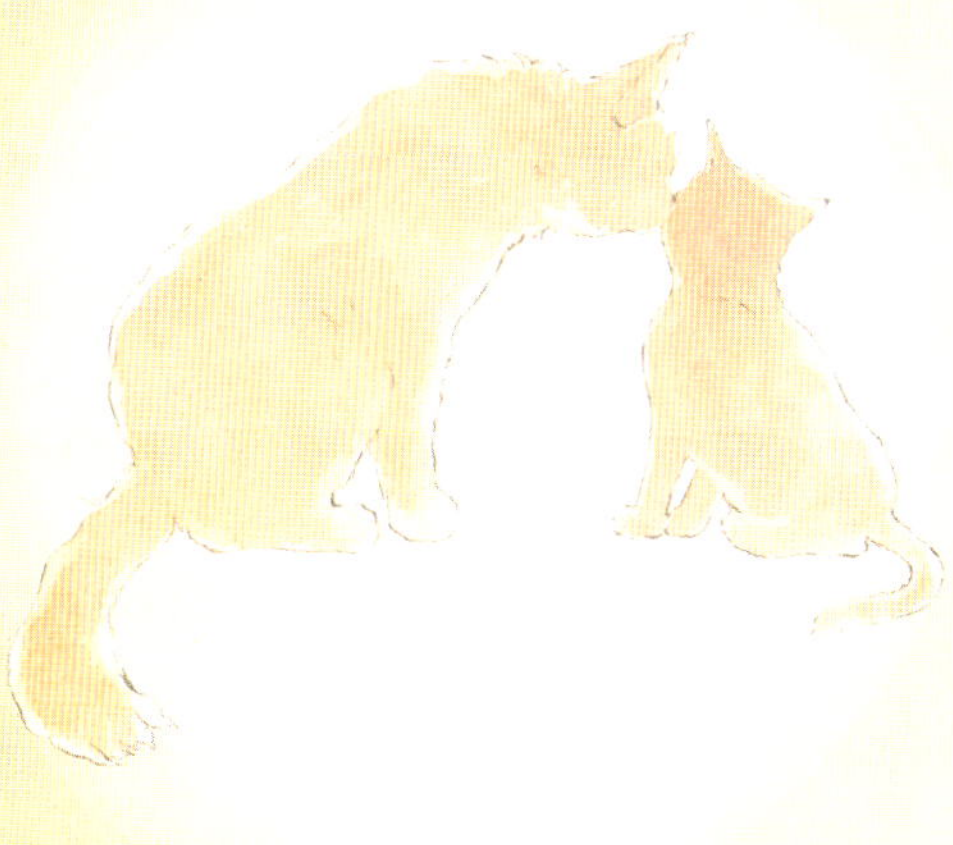

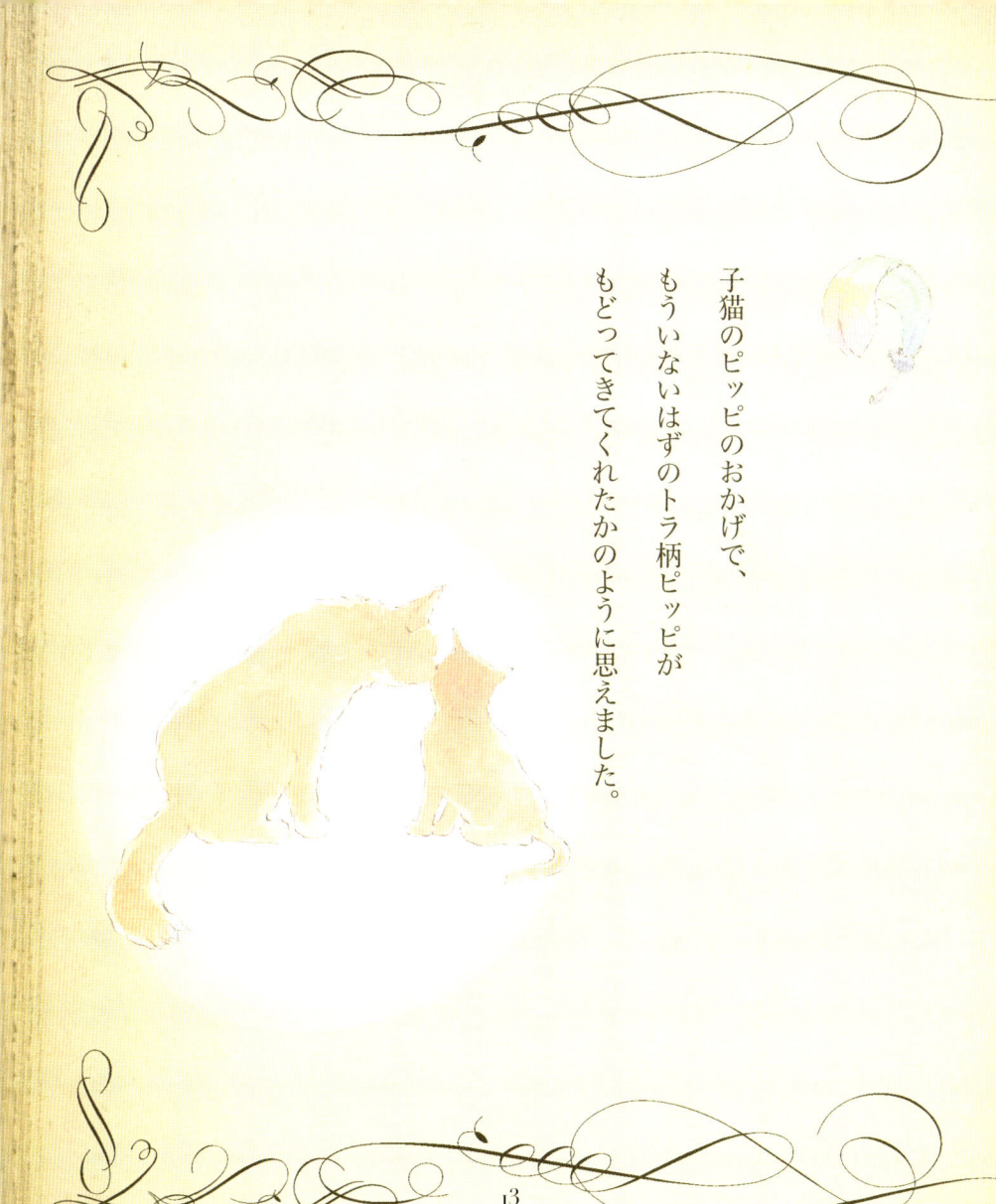

運命の魔法

0
Fate

すみきった無《む》垢《く》な瞳。
じっと見つめられたら
一生はなれられなくなる。

0
Fate

1

Blessing

祝福の魔法

無防備でいてくれるから
心に陽だまりが生まれる。

1
Blessing

2
Freedom

自由の魔法

純粋な命のかたまりが
ただそこにある。
心のしがらみが
どんどん消えていく。

2
Freedom

La Cattedrale dal campanile

3
Possibility

可能性の魔法

しなやかなからだを
自由自在に。
毎日が新しい発見。

3
Possibility

4
Respect

尊重の魔法

ふだんは、べったりはなれない。
なのに、ときどき知らんぷり。
だからずっと
いっしょにいられる。

4
Respect

5
Apprenticeship

修業の魔法

窓の外は知らない世界。
見たり、聞いたり、ためしたり。
わかったぶんだけおとなになれる。

5
Apprenticeship

二の章
愛に生きる
～若い猫の魔法～

拾い猫のピッピは、
あどけなさがとれ、おとなの猫に成長しました。
それでも、子猫のころからいっしょにいる
トラのぬいぐるみをはなすことはありませんでした。

ぬいぐるみは、ピッピに愛されすぎて、
いまやボロボロです。
近所に住む母が、
同じトラのぬいぐるみを買いあたえたのですが、
見向きもしません。

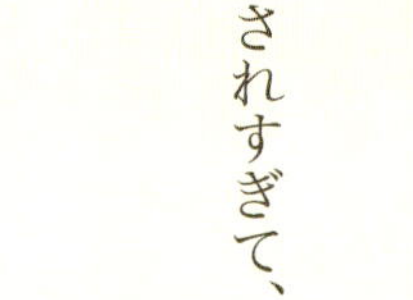

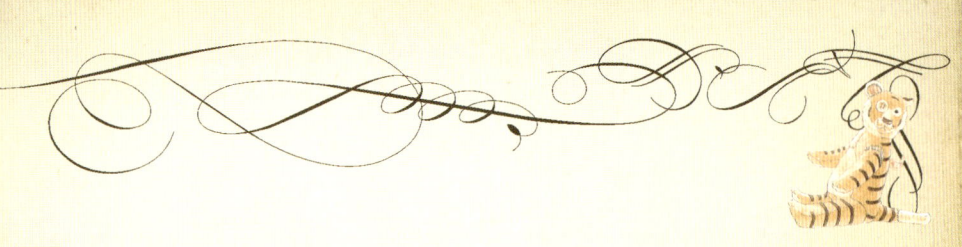

すきをみて、新しいぬいぐるみと
とりかえようとしてみたところ、
フーッと言われ、
ひっかかれてしまいました。

それ以来、ピッピは前にもまして、
ぬいぐるみをはなさなくなりました。
ぬいぐるみは、あちこちほつれていき、
ついに生地がさけて中綿がはみだしてしまいました。

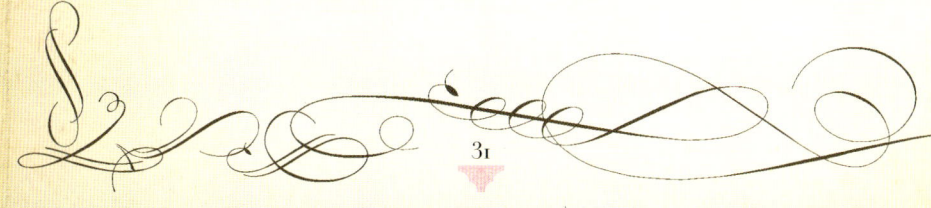

見かねた私は、ある日、
ピッピがうたた寝しているすきを見計らって、
ソーイングボックスをとりだしました。
ぬいぐるみのさけめを
つくろおうと思ったのです。

物音に気づいたピッピは、
のびをしてすぐに
私のもとにやってきました。

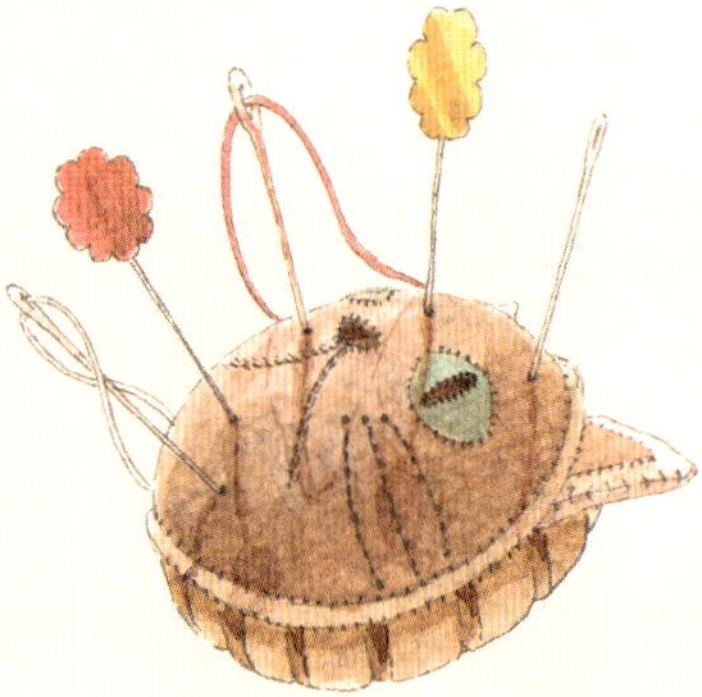

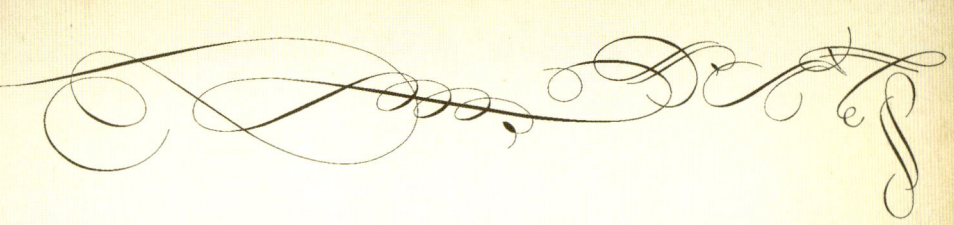

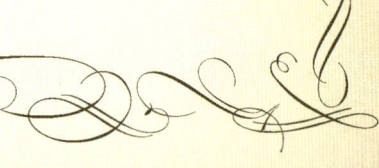

ぬいぐるみをとりもどそうと
私をひっかくと思いきや、
ピッピはうなり声ひとつあげず、
私のすることを見つめていました。

ぬいぐるみは、ほころびがつくろわれ、
傷口がふさがりました。
最後のひと縫いがおわり、
糸を切ったとたん、
ピッピはぬいぐるみをうばいとっていきました。

それからは、
ぬいぐるみのどこかがほつれたり、
やぶけたりするたびに、
ピッピみずからぬいぐるみをくわえて
私のところまで持ってくるようになりました。

ピッピは、私の足元にぬいぐるみを置き、
私の脚《あし》に頭をぐっとすりつけ、
しっぽを巻きつけながらひとまわりします。

そして口を半開きにして私を見上げ、
「この子、治してあげてよ」
と言っているような
まっすぐな目でたのんでくるのです。

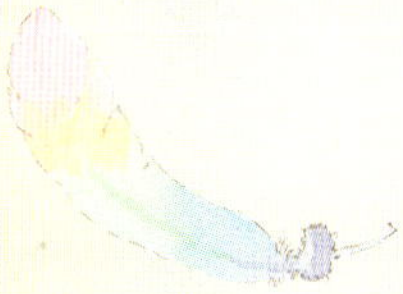

6
Ties

絆の魔法

目が合えば、
もう言葉なんていらない。
心と心が
つながっているから。

6
Ties

7

Passion

情熱の魔法

夢中で追いかける、
その先の一瞬に宿る野生。
美しさに胸がおどる。

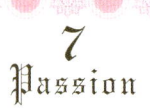

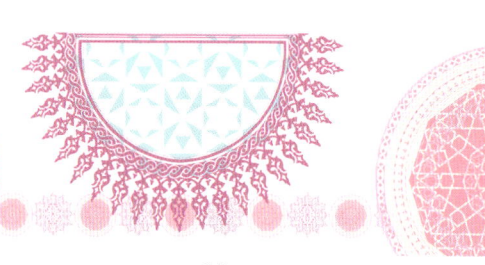

7
Passion

8
Love

恋愛の魔法

はっきりと「すき」。
はっきりと「きらい」。
自分自身に正直に生きる。

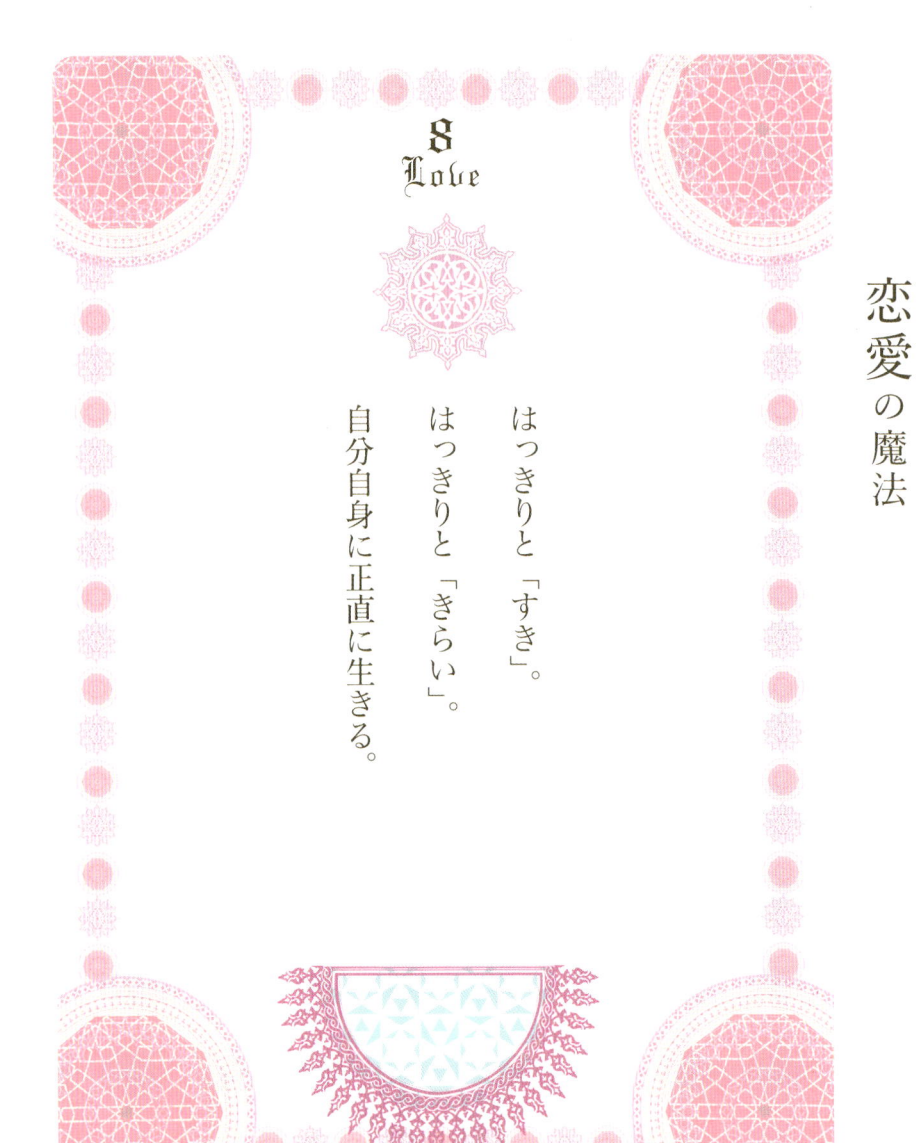

8
Love

9

Courage

勇気の魔法

おりられなくなっても
かまわない。
なんどだってのぼる。
つまずいたって、
あきらめない。

9
Courage

10

Disaster

災の魔法

一撃で
形あるものが
あっけなくこわれる。
こわれるから
新しいものが生まれる。

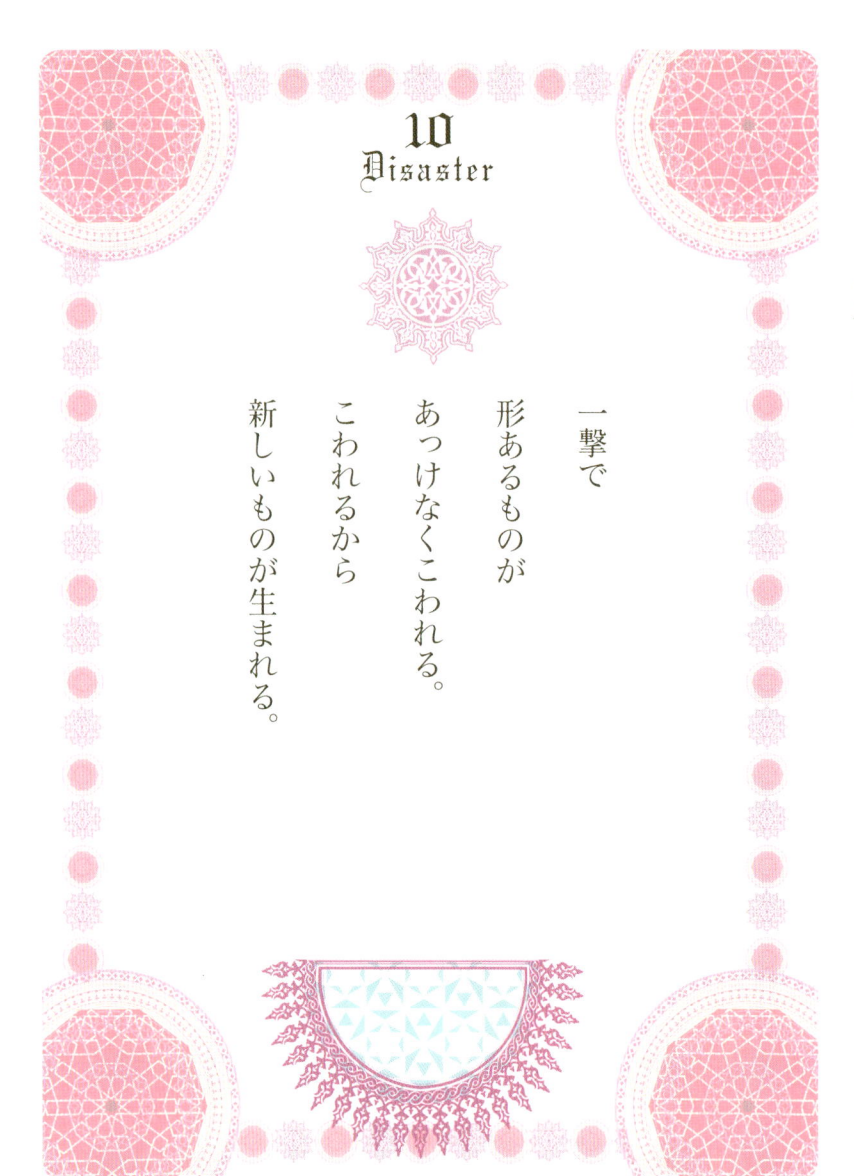

10
Disaster

11
Action

行動の魔法

自分の世界を
自分の足で切り開く。
その気になれば
誰だって遠くまで行ける。

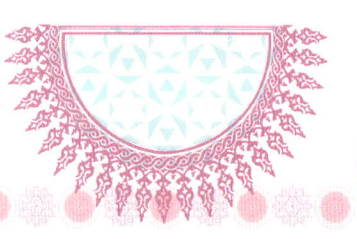

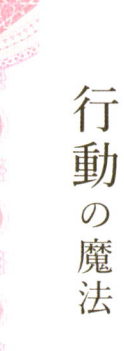

11
Action

三の章

猫として大切なこと

～円熟した猫の魔法～

ピッピが、円熟味をましてきたころ、
私は、仕事の都合で、
半年に一度、泊まりがけで三日間ほど、
家をあけなければならなくなりました。

ピッピをつれていくわけにはいきません。
でも、私との静かな暮らしが長かったので、
ペットホテルにあずけるのも気がひけました。
家をあけるときは、母に、
食事とトイレの世話をしに通ってもらうことにしました。

はじめての出張から帰ってきた朝、
ピッピは、ぬいぐるみを抱えて
ベッドの下にもぐりこみ、
半日以上、出てきませんでした。

母からの報告では、
食事もほとんどとろうとしなかったそうです。

夜になり、ピッピはぬいぐるみをくわえて
ようやくリビングにあらわれました。

「ごめんね」とあやまりながら、
私はピッピのからだを何度も何度もなでました。
ピッピはブルブルッとからだをふるわせ、
ゴロゴロゴロゴロと長いこと喉を鳴らしていました。

二度目の出張のとき、
スーツケースに荷物をつめこみはじめると、
ピッピは私の脚《あし》にからだをこすりつけてまわりました。
「ぜったいに帰ってくるから、だいじょうぶ」
そう言って、私はピッピの眉間《みけん》をなでてやりました。

戸締まりをして、
スーツケースをとりに部屋にもどると、
開いたままのスーツケースのなかに
ピッピが小さくまるまって寝ていました。

「つれていけないのよ、ごめんね」
ピッピはそっぽを向いたまま
しっぽをバタンバタンと二度ふり、
しぶしぶスーツケースの外に出ました。

三度目の出張のとき、
ピッピは、もうじゃましませんでした。
スーツケースに荷物をつめこみはじめても、
ぬいぐるみをくわえて走りまわっていました。
出かける朝も、様子を見にきた母におとなしく抱かれ、
玄関先で私を見送ってくれました。

宿泊先のホテルに着いたときのことです。
スーツケースを開くと、思いがけないものが出てきました。

ピッピの大切なトラのぬいぐるみでした。
ピッピが私に持たせてくれたのでしょう。

出張の二晩、
私はぬいぐるみを
枕元に置いて寝ました。
いつも枕元にまるまって
ピッピが鳴らすゴロゴロの音が
ぬいぐるみからも聞こえてきそうでした。

12
Dedication

献身の魔法

そっとやってきて
そっとからだがふれて。
さみしさは、
そっととけてゆく。

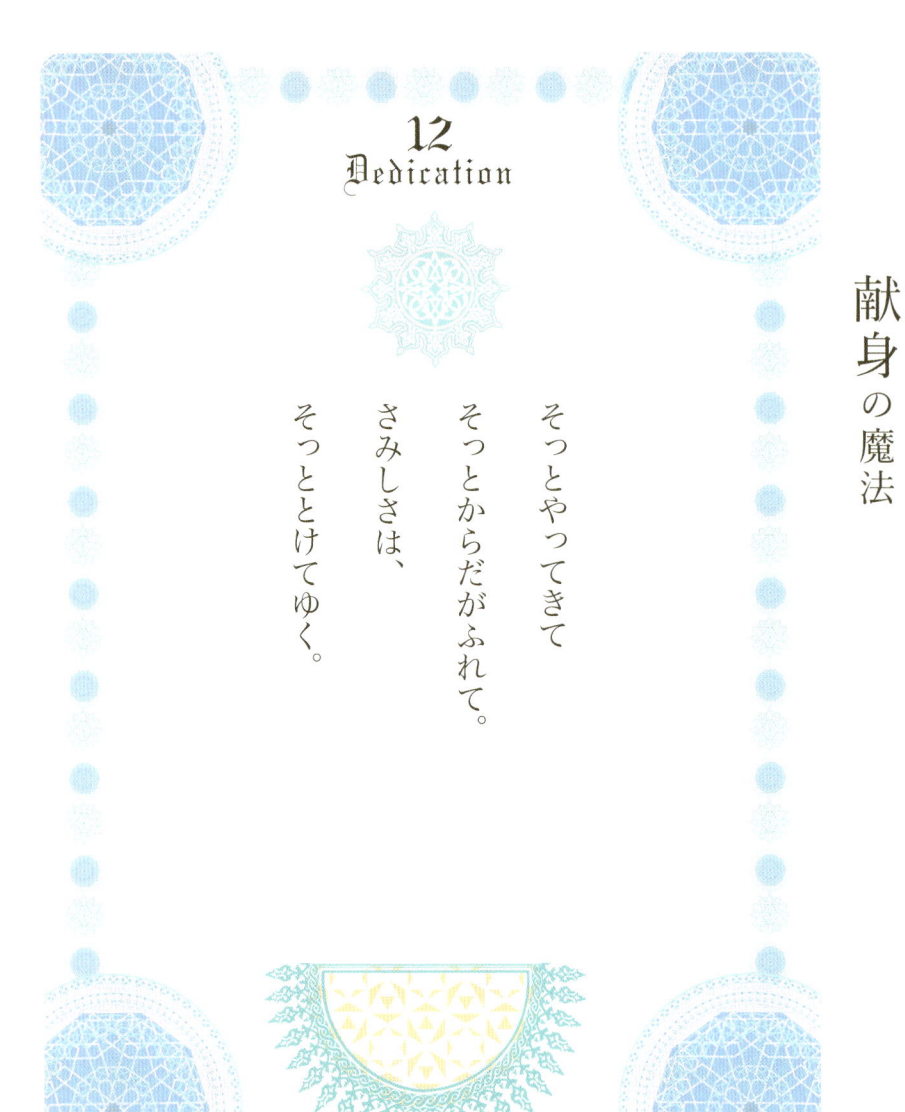

12
Dedication

13

Hope

希望の魔法

夜のあかりのもと、
深くすんだ瞳の底から
わきあがる未来への望み。

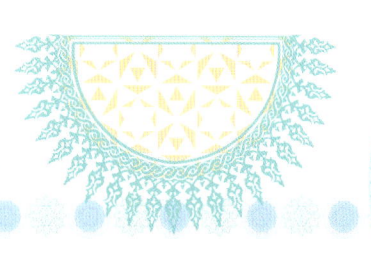

13
Hope

14
Confidentiality

秘匿の魔法

自分だけの
隠れ家を持つこと。
ときには力を抜いて
息抜きもたいせつ。

14
Confidentiality

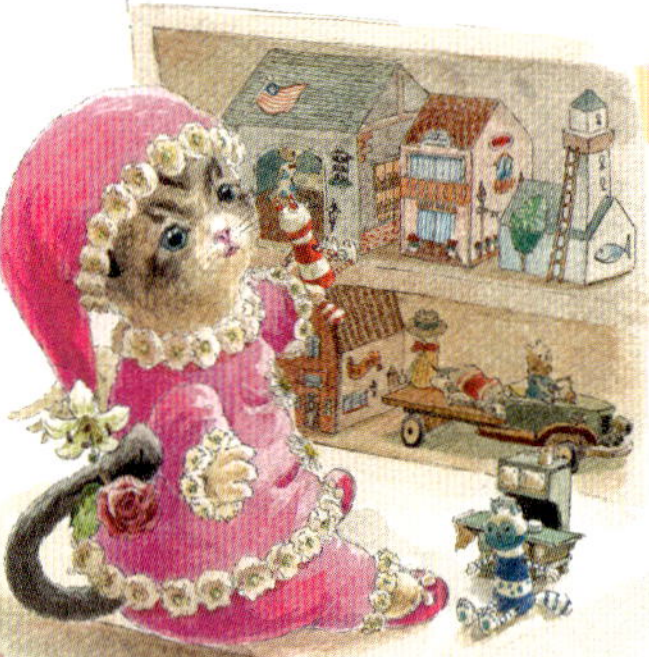

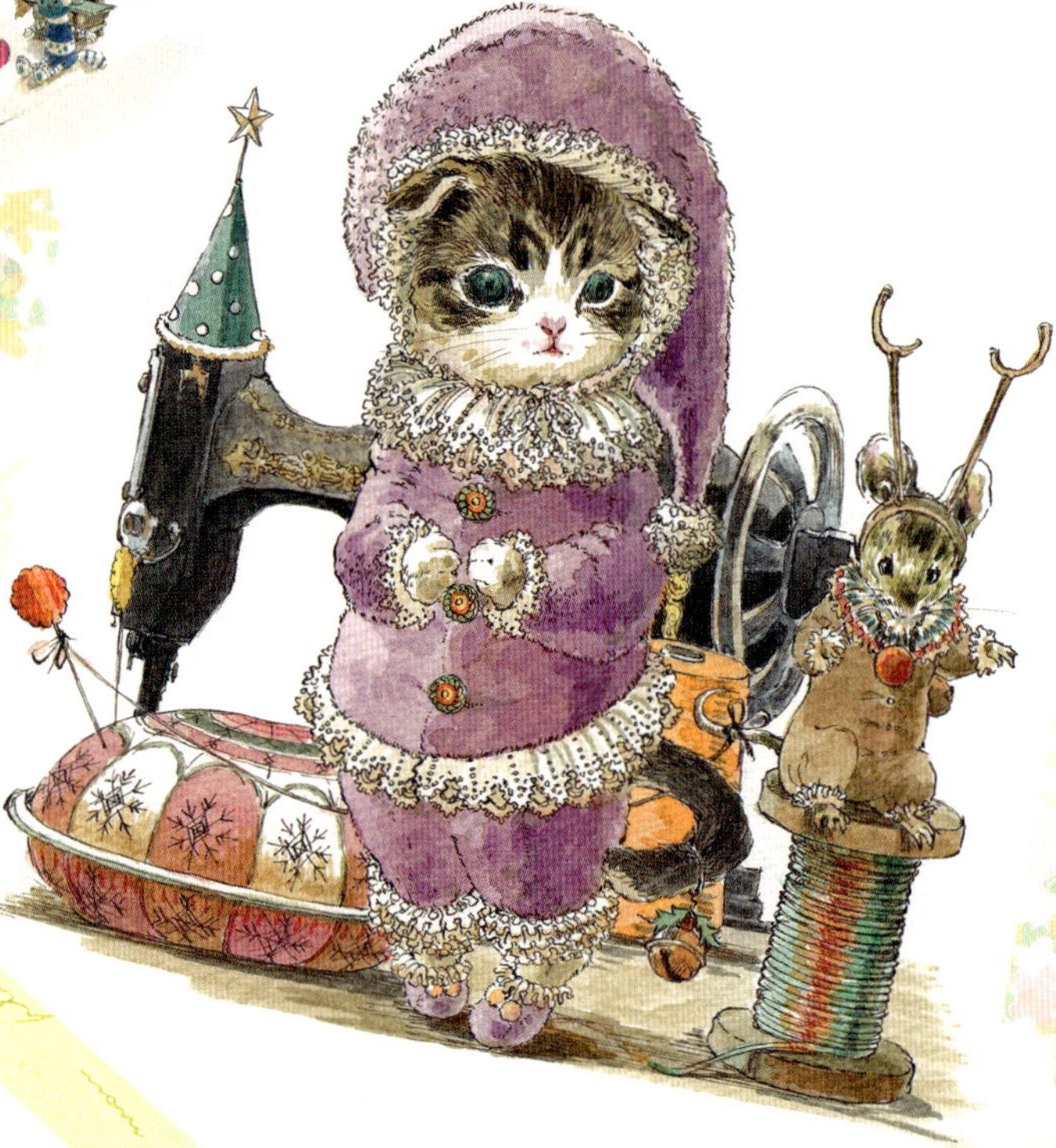

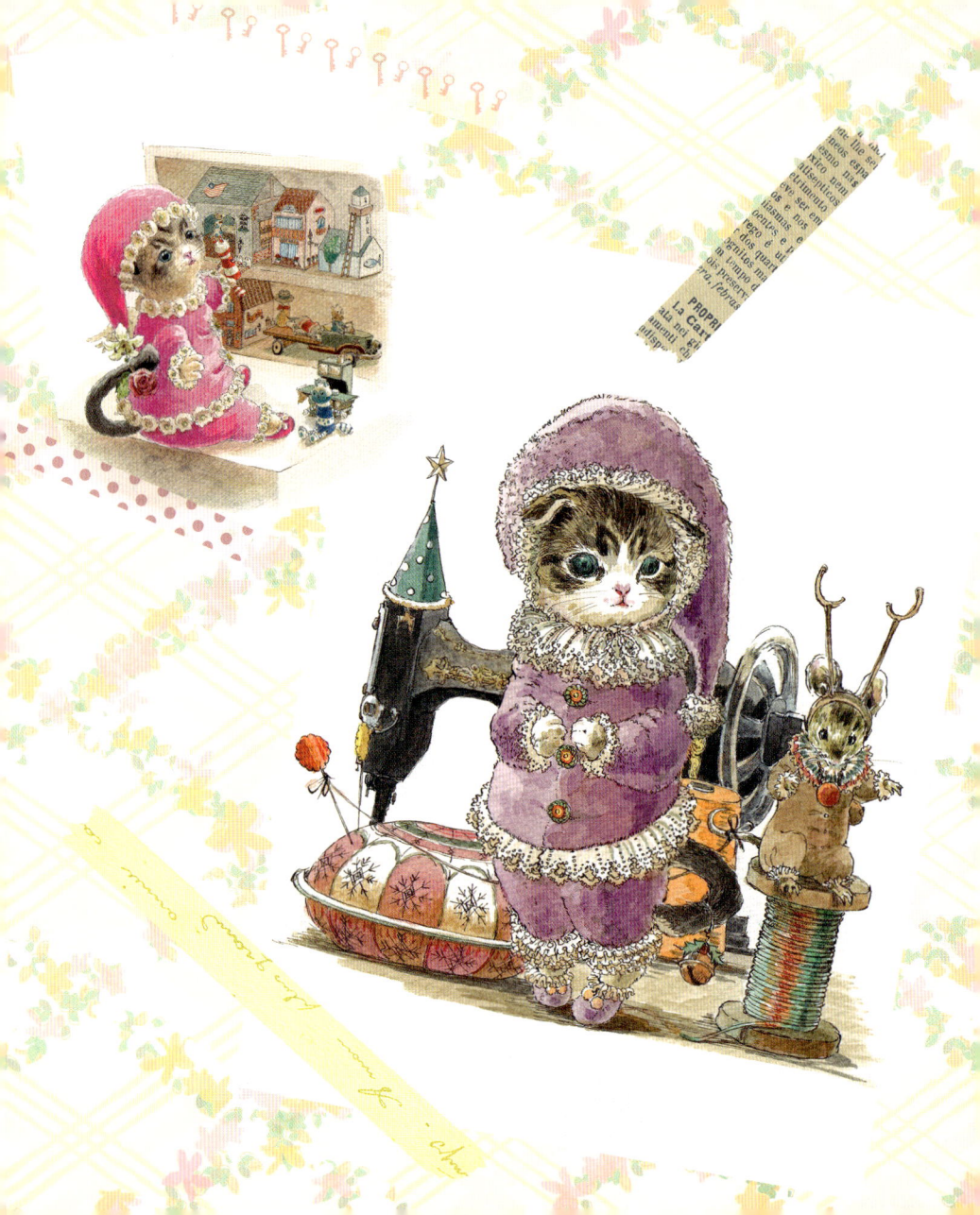

Dans les reparations
la campagne

15

Betrayal

裏切りの魔法

なでてほしいと
よってきたのに、
ひっかいて
かえっていくなんて。
でも、きらいになんてなれない。

15
Betrayal

16
Conversion

転換の魔法

落っこちても、はまりこんでも
くよくよしない。
答えはひとつではないから。
いきづまったら、
考え方をかえてみる。

16
Conversion

17
Insight

洞察の魔法

よく見て、よく聞いて、
集中して、じっと待つ。
チャンスは
あるときかならずやってくる。

17
Insight

四の章

旅立つために

～年老いた猫の魔法～

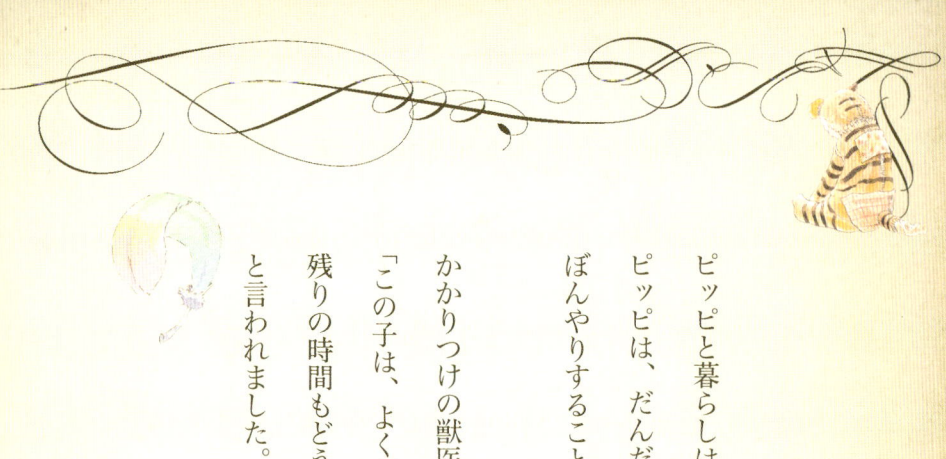

ピッピと暮らしはじめて十四年がたちました。
ピッピは、だんだん寝ている時間が長くなり、
ぼんやりすることもふえていきました。

かかりつけの獣医さんからは
「この子は、よくがんばっています。
残りの時間もどうかおだやかに」
と言われました。

わかってはいるものの、
ピッピがいない毎日を想像すると、
途方にくれてしまいます。

「私を置いていかないでよ」
窓辺に寝そべるピッピの背中に手を置くと、
聞いているのかいないのか、
ピッピはしっぽを軽く揺らすのです。

18

Time

刻の魔法

どんな時間にも限りがある。

ともに過ごす

こんなに幸せな時間にだって。

18
Time

19
Restraint

自制の魔法

瞳を閉じて横たわる。
ちいさく聞こえる寝息に、
呼吸を合わせると、
おだやかさが満ちてくる。

19
Restraint

20
Coexistence

共存の魔法

このぬくもり、
この手ざわりが、
私をまるごと
つつんでくれる。

20
Coexistence

21
Results

結果の魔法

いつもどおりの今日、
いつもとちがうかもしれない明日。
安心と不安のなかで、
いまは、ありのままを受け入れる。

21
Results

終末の魔法

22
End

たくさんの思い出を
置いていってくれた。
だいじょうぶ、
気配はまだ感じられる。

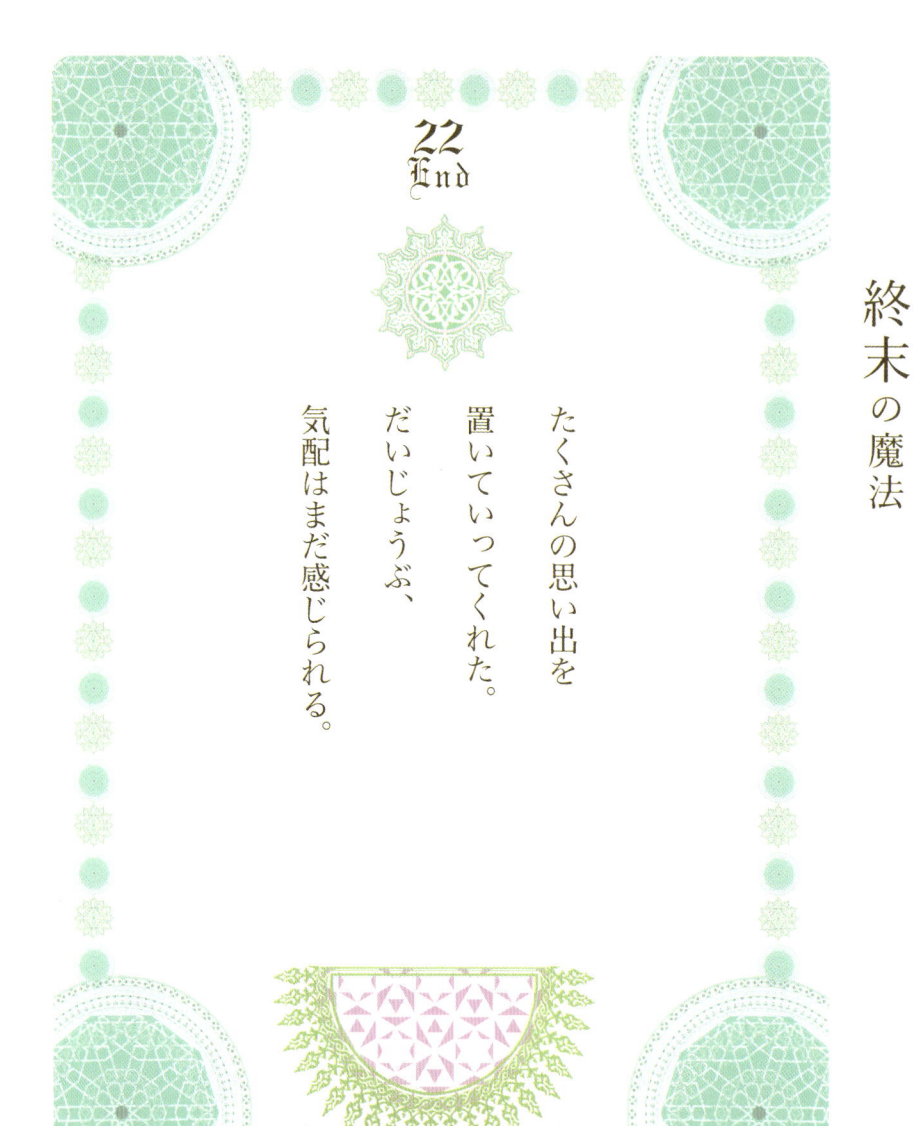

22
End

満月がクチナシの花を青白く照らしていた夜、
ピッピは息をひきとりました。
あちこちつくろわれた
傷だらけのトラのぬいぐるみによりそったままで。

この世の姿とは、
もう別れなくてはならないときがきました。
ピッピが横たわる棺《ひつぎ》に、
私は純白のクチナシの花をつめました。

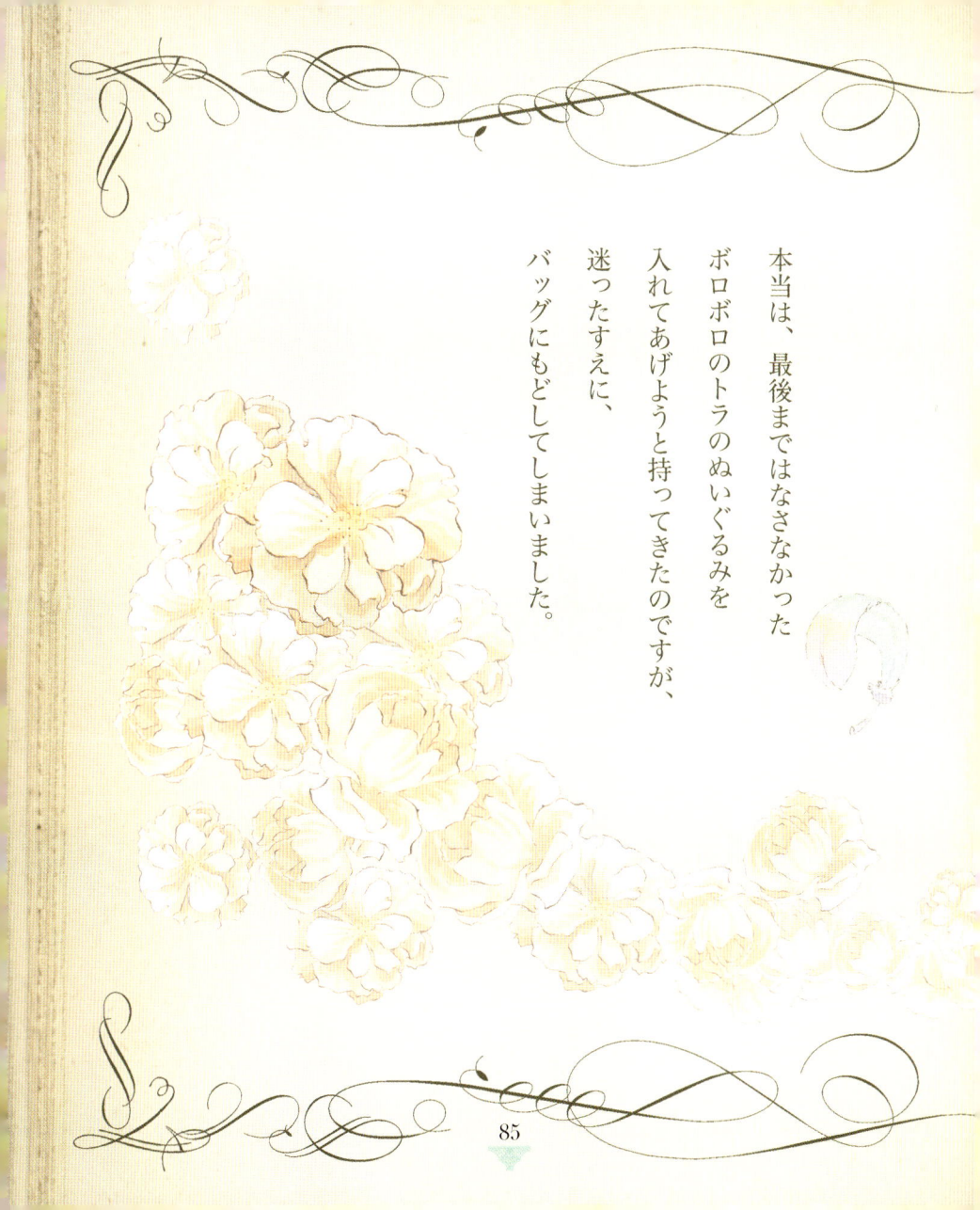

本当は、最後まではなさなかった
ボロボロのトラのぬいぐるみを
入れてあげようと持ってきたのですが、
迷ったすえに、
バッグにもどしてしまいました。

家にもどり、玄関をあけると、
いつも出迎えてくれたピッピの姿はもうありません。

部屋が、なんだかとても広く、
がらんどうのように感じられました。

ピッピがひなたぼっこをしていた窓辺も
主《あるじ》をなくして、さみしげでした。

ピッピの写真を立てかけましたが、
何か足りません。

ああ、と思い、
バッグからトラのぬいぐるみをとりだし
窓辺に置きました。
ぬいぐるみの背中の糸のほつれにふれると、
ホロホロと涙がこぼれました。

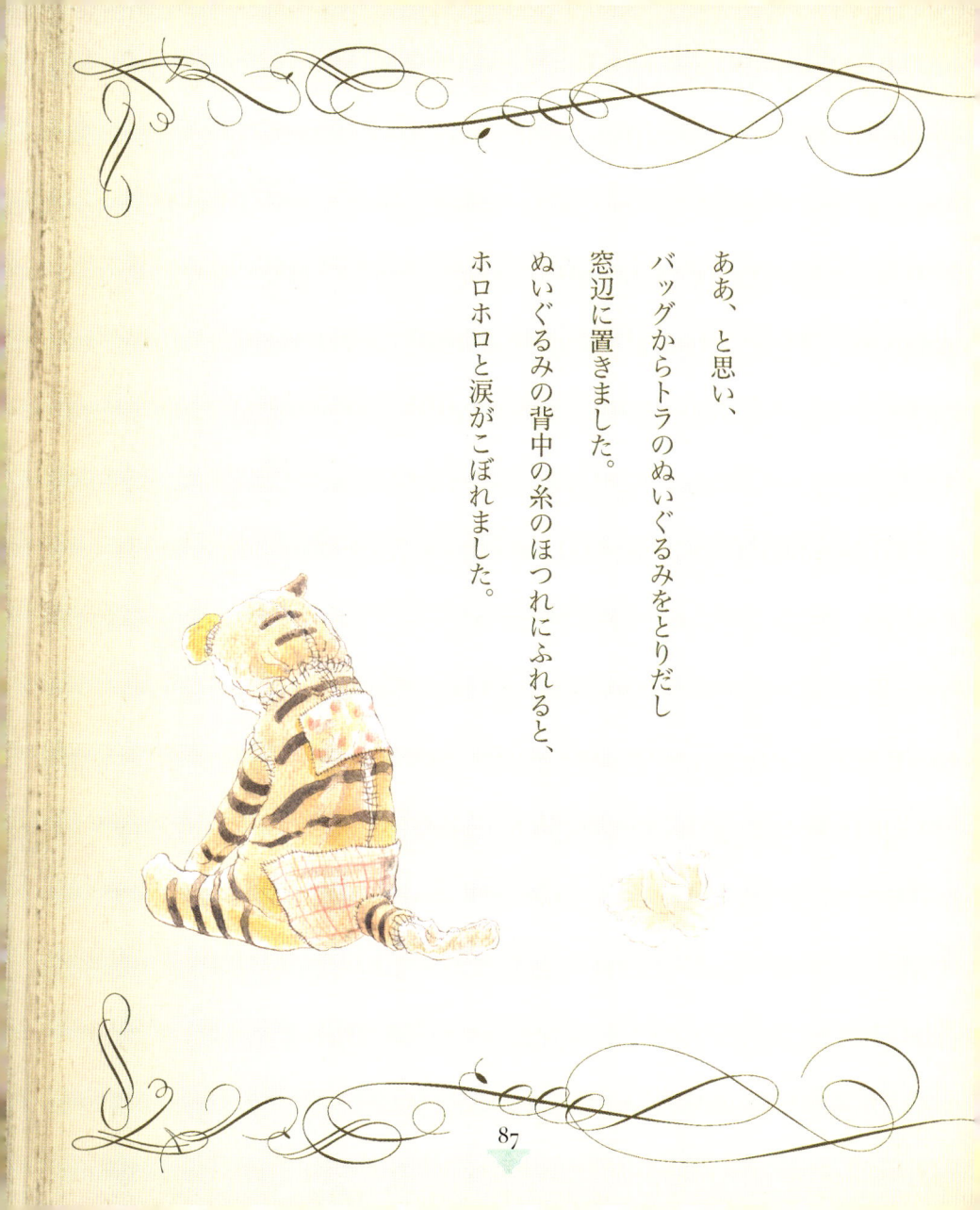

翌朝のことです。

ふと窓辺を見ると、
あのボロボロだったトラのぬいぐるみが
新しいぬいぐるみにもどっていました。

猫は、愛する人のために
魔法を使うことがあるそうです。
どんな魔法を使うかは、
猫によってさまざまだとか。

ピッピは魔法を使って
トラのぬいぐるみを新しくし
自分のかわりに置いていってくれたのかもしれません。

先代猫のピッピが
泣いてばかりいた私に
二代目のあの子を出会わせてくれたように。

猫が魔法を使うとき、
ちいさな奇跡が起こります。

私にかかった
ふたりの猫たちの魔法が
どうか永遠に
とけませんように。

23
Fulfillment

成就の魔法

すべてのできごとは
あなたのために。
思い出はあなたとともに。
猫が起こす最後のちいさな奇跡。

23
Fulfillment

そよ風が
クチナシの香りと
新しい季節を
はこんできました。

絵：松井雄功（まつい・ゆうこう）　東京都生まれ。画家。
文：田中マルコ（たなか・まるこ）　東京都生まれ。作家。

2003年より「犬の国ピタワン」、2010年より「猫の国ニャンタージェン」をインターネット上で運営。現在、多くの犬たち、猫たちが、それぞれの国で暮らしている。2009年に『ある日　犬の国から手紙が来て』（小学館）を出版。2012年少女まんが誌「ちゃお」（小学館）でまんが化、2014年現在も同誌に原作を提供中。同タイトルでノベルズ版も出版。その他「犬の国」シリーズとして絵本、雑誌連載、グッズなどを展開している。猫の本は、本作がはじめて。

＊この本は、インターネット上にある「猫の国ニャンタージェン」で暮らしている、実在の猫たちと、その飼い主たちとの交流によって生まれました。猫のしぐさや行動には、さまざまな魔法が隠されています。あなたにも素敵な魔法がかかりますように。
「猫の国ニャンタージェン」HP　　http:// 猫の国 .com/

装幀＆本文デザイン　瀬戸冬実（futte）
編集協力　オフィス201（小川ましろ）
編集　鈴木恵美（幻冬舎）

猫が魔法を使うとき

2014年11月25日　第1刷発行

著　者　松井雄功　田中マルコ
発行者　見城 徹

発行所　株式会社 幻冬舎
〒151-0051 東京都渋谷区千駄ヶ谷4-9-7
電話　03（5411）6211（編集）　03（5411）6222（営業）
振替 00120-8-767643
印刷・製本所　近代美術株式会社

検印廃止

ISBN978-4-344-02686-5　C0095
幻冬舎ホームページアドレス　http://www.gentosha.co.jp/

この本に関するご意見・ご感想をメールでお寄せいただく場合は、comment@gentosha.co.jpまで。